Discovery Education 探索·科学百科（中阶）

3级B4 空间站

全国优秀出版社
全国百佳图书出版单位
广东教育出版社
学乐

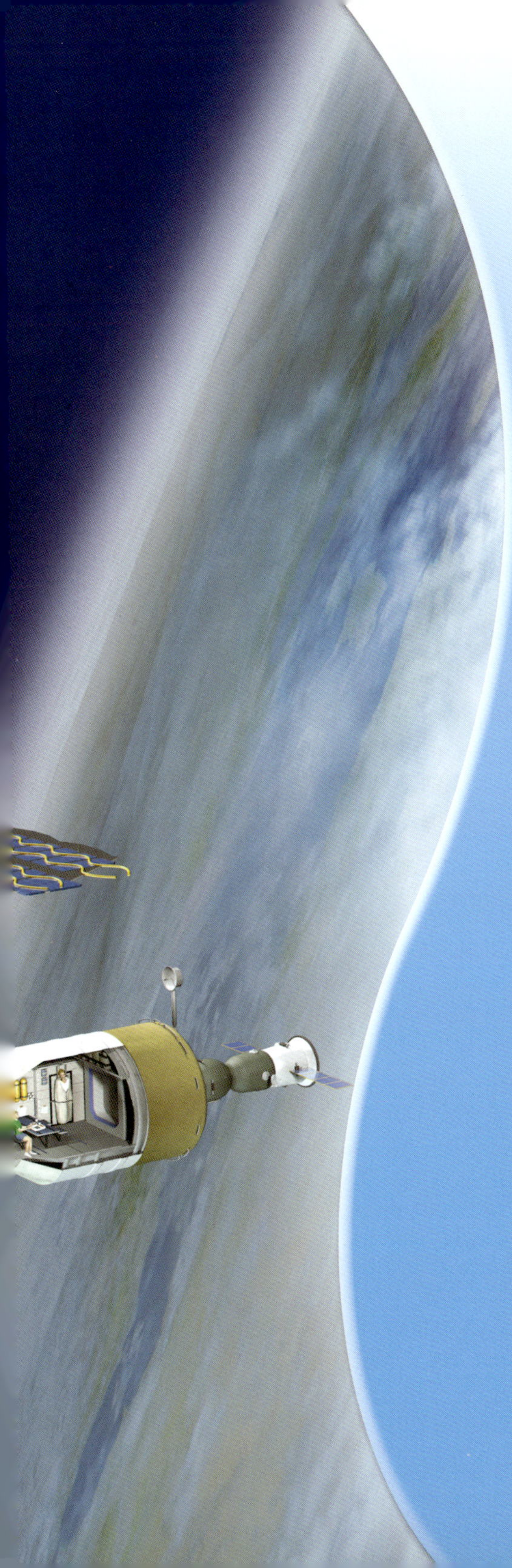

目录 Contents

空间站发展史

人类第一次进入太空后不久，就开始思考：怎样才能在太空中多停留一会儿呢？在小型太空舱里旅行几天没问题，不过，如果能在太空中停留几个星期、几个月甚至几年，那能多干多少事情啊。不久，人们就计划筹建空间站——太空中的永久性（或半永久性）家园。

"长期轨道空间站2号"

"长期轨道空间站2号"与"礼炮1号"类似，遗憾的是，它因火箭发射失败而坠毁。

"宇宙557号"

"宇宙557号"是又一个"礼炮"型科学空间站。但刚进入轨道，燃料就耗尽了。为了掩盖这次失败，前苏联把它叫做"宇宙557号"，任由其坠毁于大气层。

"礼炮2号"/"阿尔马兹"

"阿尔马兹"是一个秘密军事空间站，为了保密，其被称为"礼炮2号"。"礼炮2号"发射成功后不到两周，一场爆炸摧毁了它的4个太阳能电池板，因此失去动力，不久后坠毁。

1971

1972

1973

"礼炮1号"

它是世界上第一个空间站，由前苏联发射。航天员在空间站内逗留了23天，创下了世界纪录。可惜，在返回地球时，3名航天员身亡。

"天空实验室"空间站

这是美国的第一个空间站，科学家们在空间站内逗留了171天。

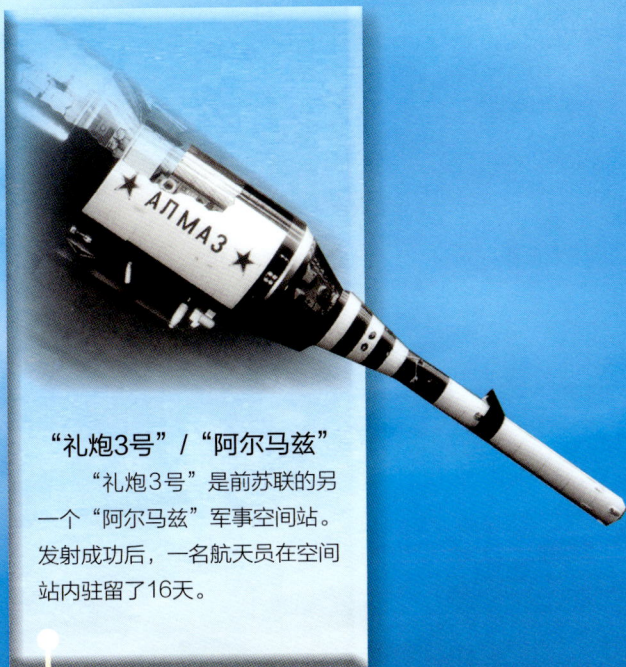

"礼炮3号"／"阿尔马兹"

　　"礼炮3号"是前苏联的另一个"阿尔马兹"军事空间站。发射成功后，一名航天员在空间站内驻留了16天。

这太神奇了！

　　第一个空间站——"礼炮1号"，重18.4吨。而由多个国家联合设计建造的"国际空间站"的重量高达344吨，是"礼炮1号"的18倍还多。

1975

1974

1976

"礼炮4号"

　　两名前苏联航天员在这个科学空间站上生活了93天。

"礼炮5号"／"阿尔马兹"

　　这是前苏联的军事空间站，两名航天员在这个空间站内生活了67天。

比利时 巴西 加拿大 丹麦 法国

"礼炮6号"

前苏联的"礼炮6号"改进了设计，打破了人员驻留的时间和人数纪录。5年时间里，它容纳了长期驻留、短期驻留和国际访问的人员共计684天。

国际空间站（ISS）

国际空间站最初是美国的项目，20世纪80年代开始启动。20世纪90年代，美国和俄罗斯将两国的空间站计划合并成为一个项目。之后，其他14个国家参与进来。像"和平号"空间站一样，国际空间站采用了在太空中多舱组装的方式建成。

1977　1982　1986　1988

"礼炮7号"

这是最后一个"礼炮"型空间站。它出了许多故障，被多次救援。尽管如此，在9年的时间里，有人驻留的时间长达815天。

"和平号"空间站

这个俄罗斯空间站首次采用了独立发射子舱、在太空组装的方式。它始建于1986年，建设周期超过10年，一直使用到2000年。

意大利　日本　　荷兰　　挪威　　俄罗斯　　西班牙　瑞典　　瑞士　

英国

美国

建设国际空间站

空间站耗资巨大，技术复杂，因而各国同心协力，加强合作实为明智之选。国际空间站各专用舱体被陆续送入太空进行装配。

年份	名称	国家	用途
1998年	"曙光号"	俄罗斯/美国	动力，存储，推进，导航
1998年	"团结号"	美国	泊位（连接各子舱）
2000年	"恒星号"	俄罗斯	生活区，环境系统，轨道控制
2001年	"命运号"	美国	研究设施，环境系统，日常起居设备
2001年	"寻求号"	美国	供太空行走准备的气密舱
2001年	"星辰号"	俄罗斯	对接口
2007年	"和谐号"	欧洲/美国	提供电力和中央连接点的公用设施中心
2008年	"哥伦布号"	欧洲	带实验室和安装位置的研究设施
2008年	"希望号"	日本	实验补给舱，实验子舱中实验室的一部分
2008年	"希望号"	日本	加压舱段，实验舱段实验室的一部分
2009年	"探索号"	俄罗斯	对接，太空行走的密封舱，科学试验接口
2010年	"宁静号"	欧洲/美国	生命支持，泊位
2010年	"穹顶号"	欧洲/美国	观测机械臂、停泊的飞船和地球
2010年	"黎明号"	俄罗斯	对接和货物存放
2010年	"莱昂纳多号"	欧洲/美国	存放备件和补给
2011年	"科学号"	俄罗斯	研究实验室

飞向空间站

空间站上，人们来了又走，不会永远生活在那里。这就意味着，必须有某种太空飞行器从地球上发射升空，与空间站对接，然后返回地球。有两种办法可以做到：使用一次性的太空飞行器或可重复使用的太空飞行器。两种飞行器都十分昂贵。第一种办法有点像造一辆轿车，只是为了到另一座城市去一趟；而第二种办法则像是造一辆可持续使用的多用途卡车。

美国的航天飞机是太空飞行史上的一项重大创新。作为一种可重复使用的太空飞行器，它可以多次往返太空。航天飞机既是公交车，也是货船。它往返运送宇航员，也运送补给和设备。

2

火箭的力量

火箭强大的推力能够使航天飞机摆脱地球重力的吸引，进入太空。

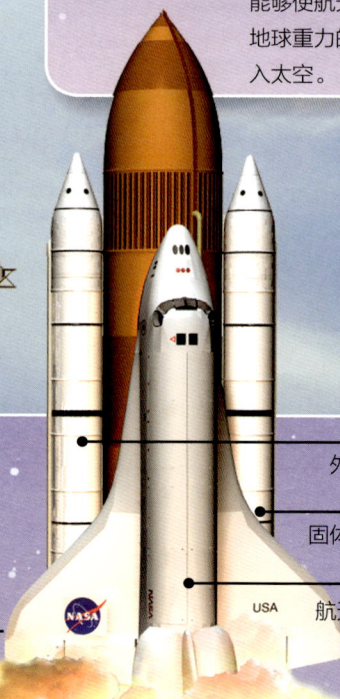

1

升空

升空前6秒钟，航天飞机的主发动机点火。升空时，两个固体火箭助推器点火。一旦点火就不能熄火，所以点火是最后一道程序。

外部燃料箱

固体火箭助推器

发射塔

航天飞机轨道舱

3

助推器分离

助推器带着降落
伞坠入海洋

助推器分离

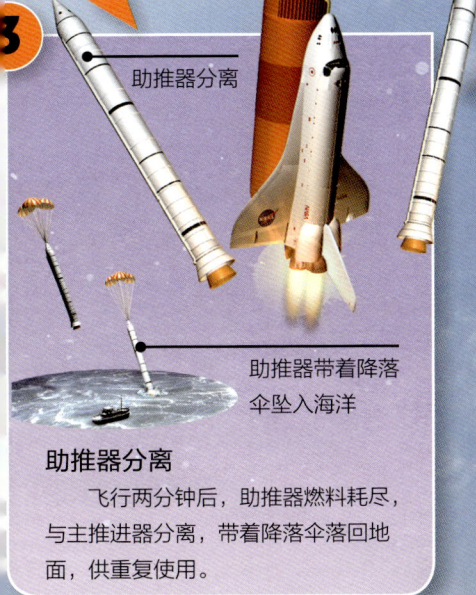

　　飞行两分钟后，助推器燃料耗尽，与主推进器分离，带着降落伞落回地面，供重复使用。

4

燃料箱分离

燃料箱分离

　　主发动机缓慢降低推力，以免航天飞机因外壳过热而解体。飞行9分钟后，外部燃料箱燃料耗尽，返回大气层时烧毁。

5

到达太空

　　飞行10分30秒后，轨道机动系统（OMS）引擎点火，把太空飞行器推入近地轨道；35分钟后，它再次点火，太空飞行器进入更高的轨道。

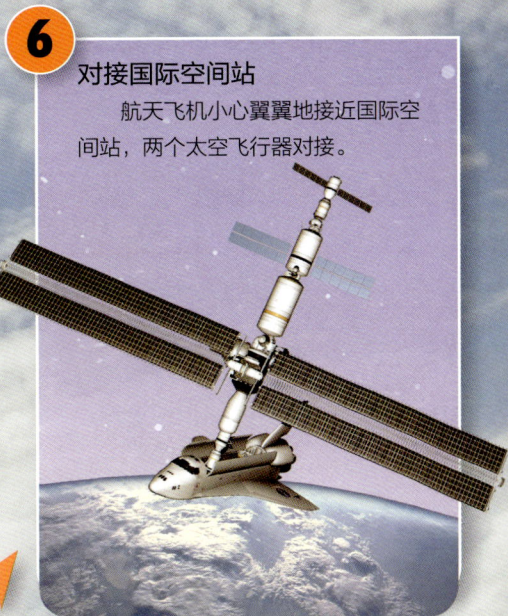

6

对接国际空间站

　　航天飞机小心翼翼地接近国际空间站，两个太空飞行器对接。

怎样成为一名宇航员

美国航空航天局宇航员

候选人条件：

国籍：美国

教育背景：具有工程学、生物科学、自然科学或数学专业学士学位

专业经验：担任宇航任务专家至少3年或以上；作为喷气式飞机的机长或飞行员飞行1 000小时以上

健康状况：必须通过美国航空航天局的太空体格检查

身高：宇航任务专家身高介于1米48~1米93之间，指令长和飞行员身高介于1米57~1米90之间。

被挑选来作为宇航员培训的人都是专家中的精英。他们必须身体健康，技术精湛，经验丰富，还要通过严格的培训项目，包括如何在太空中生活，一旦发生故障如何生存等等。

并非公园散步那么容易
太空行走是需要反复训练才能达到的高技巧活动。

① 填写表格

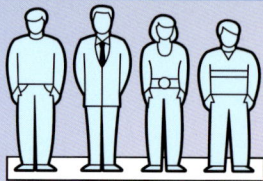

② 向美国航空航天局发出申请，以备筛选。

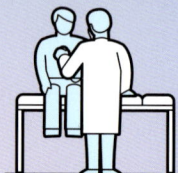

③ 通过面试和体检

④ 在得克萨斯州的休斯敦进行训练测试。

通往太空之路

成为一名宇航员像其他任何工作一样，需要经过申请、面试环节，技能等各方面符合公司的要求才能被录取。

⑦ 发射

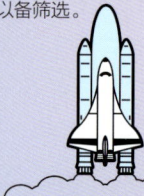

⑥ 具体任务训练

⑤ 使用模拟器训练宇航员

重状态下的训练

水箱模拟失重可以
航员在进入太空之
行任务演练。

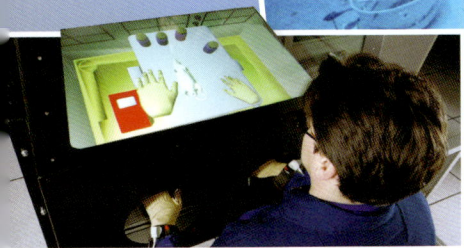

模拟研究任务

这个虚拟的手套箱
是用于练习在太空中抓
住物体的，如工具和科
学标本。

紧急撤离

宇航员学习在紧
急情况下快速、安全
地撤离。

海洋生存

如果宇航员在水
上紧急迫降，他们必
须了解在等待救援时
如何生存。

航天员训练清单

☑ 学习航天飞机轨道舱的系统和使用方法。
☑ 学习空间站的系统和使用方法。
☑ 在单一系统训练器（SST）上完成训
练，包括轨道舱每个子系统的正常操作和故
障排除。
☑ 使用复杂的航天飞机飞行任务模拟器训
练，包括航天飞机的所有操作和各飞行阶段的
任务，如发射前、登舱和轨道飞行。
☑ 在地面指挥中心（MCC）训练使用飞行
控制器。
☑ 在水箱失重状态下练习作业。
☑ 练习做饭、收藏设备、处理垃圾、使用相
机和做实验。

日常生活

在 国际空间站里，寻常事情都会变得出人意料地艰难。在悬浮或者失重的环境里，没有上下之分，一切物体都在空中漂浮。吃饭、睡觉、刷牙这些日常生活行为变得不同了。漂浮的面包屑可能会掉进眼睛里；肌肉如果得不到定时锻炼就会变得软弱无力，极其危险。

甚至上个洗手间也危机四伏。宇航员必须把自己绑在马桶上，以免飘走；一台风扇产生吸力，把排泄物从身体上吸走，送入一个 19 升 的容器里。

锻炼

失重条件下的身体锻炼对保持健康体魄非常重要。宇航员用跑步机和自行车锻炼，还进行很多阻力训练，以保持肌肉和骨骼的强健。

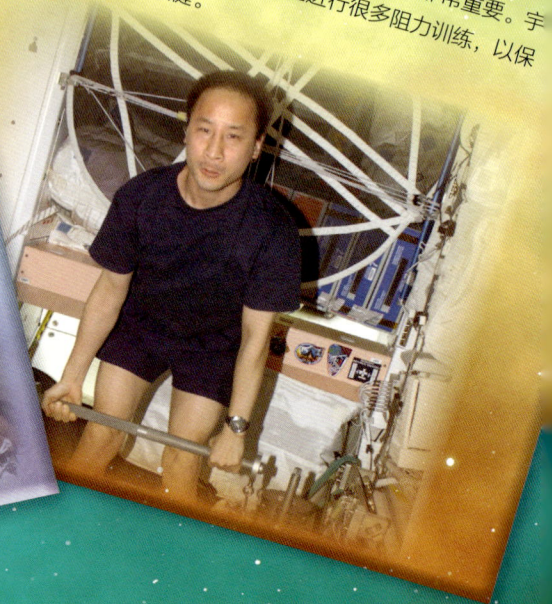

睡觉

宇航员不睡在床上，他们睡在固定在墙上的睡袋里，这样就不会因为到处乱飘、撞到东西而惊醒。他们还必须睡在通风孔附近，以避免被自己呼出的二氧化碳憋醒。

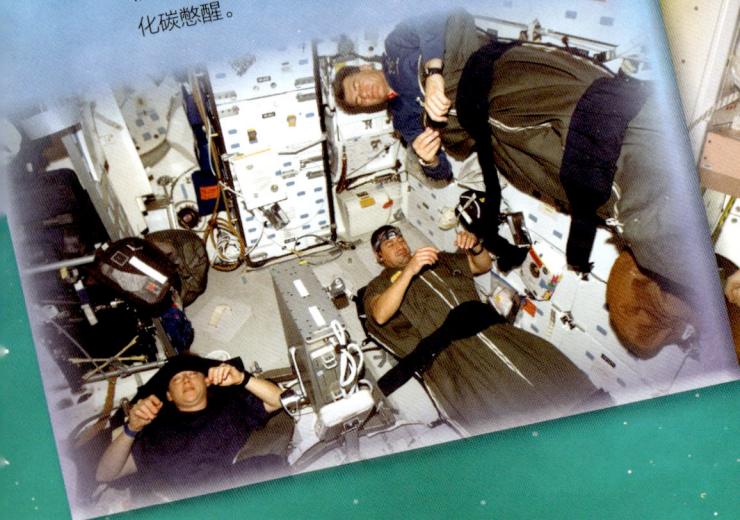

时间安排

宇航员的每个工作日都有周密计划。他们必须如此，因为有大量的工作要做。通常一天要和地面指挥中心开两次会，工作10小时，加上吃饭、设备维护、锻炼身体和一小会儿自由活动时间——宇航员的生活忙碌充实，一点儿也不枯燥。

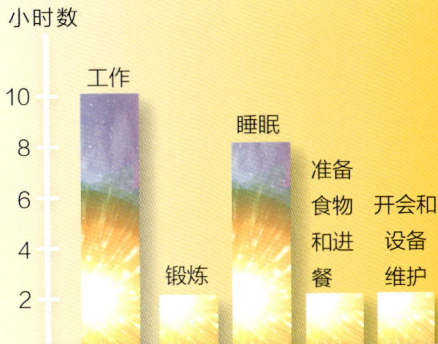

小时数

工作

睡眠

准备食物和进餐

开会和设备维护

锻炼

10
8
6
4
2

宇航员也需要放放风！周六通常只工作半天，周日一般全天休息。

吃饭

为防止溅溢和破碎成飞屑，食物都事先制作好并打包。它们通常都很有黏性，这样才不会从叉子或者勺子上飘走。宇航员每天吃三顿饭，进餐时必须小心翼翼，防止食物飞走。

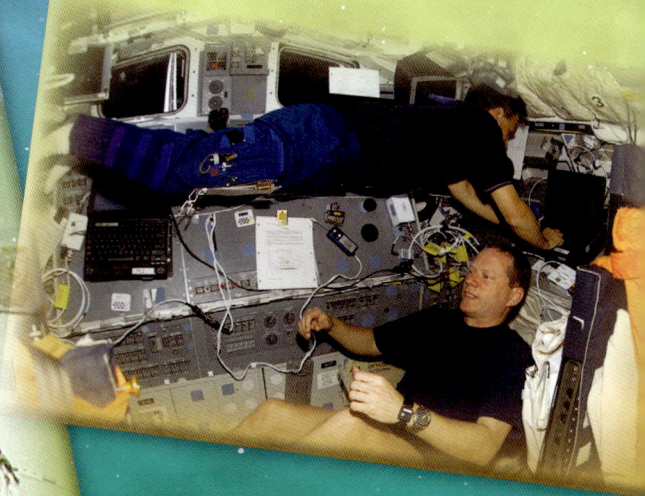

工作

工作内容主要是科学实验。通常是观察物体（包括有生命体和无生命体）在低重力效应下的行为。

加餐时间

如果宇航员在非用餐时间感到饥饿的话，就会抓些小点心来吃。点心必须是易食食品，像新鲜水果、坚果、布丁或者抹花生酱的巧克力蛋糕之类。

维护与修理

不管是厕所还是天线，无论哪里出了问题，都得宇航员自己维修。部分维修工作在国际空间站外面进行，因此需要在太空行走。

实验

宇航员在国际空间站里要做很多实验，有些需要持续数周甚至数月。这些实验包括观察诸如睡眠模式、疲意对反应时间的影响以及失重环境下金属和植物的反常表现等。

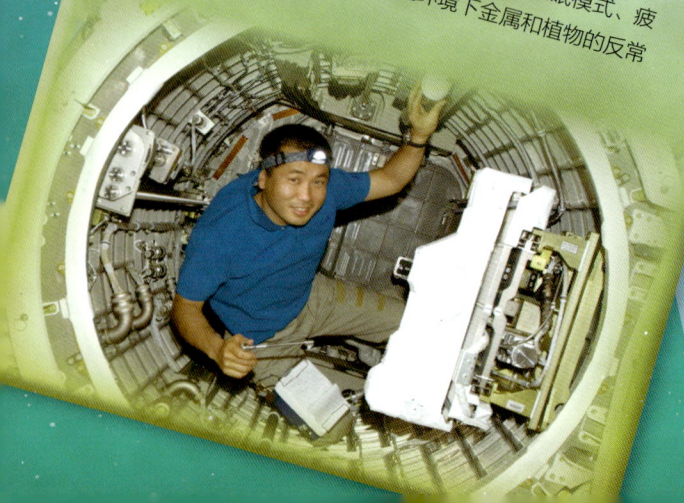

卫生

宇航员得保持清洁卫生。有些事情相对容易，比如刷牙。但是他们不能洗澡。在国际空间站里，宇航员们用毛巾或者湿纸巾擦拭身体，洗海绵擦拭浴。

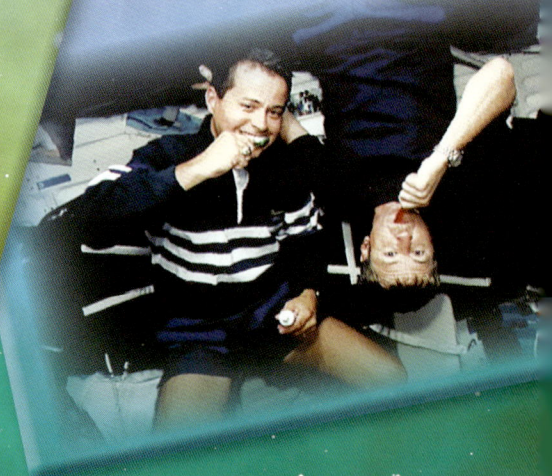

木闲

在自由活动时间里，宇航员可能会查查邮件、听听音乐、读读书或者写篇日志。而鉴于他们拥有不同寻常的视野，因此还有一种他们深受喜欢的消遣方式，那就是透过窗户眺望太空和地球。

修剪发须

在太空里，遗落和断裂的须发可能毁坏设备，所以刮胡须或者剪头发时，要用真空管吸走任何遗落的东西。

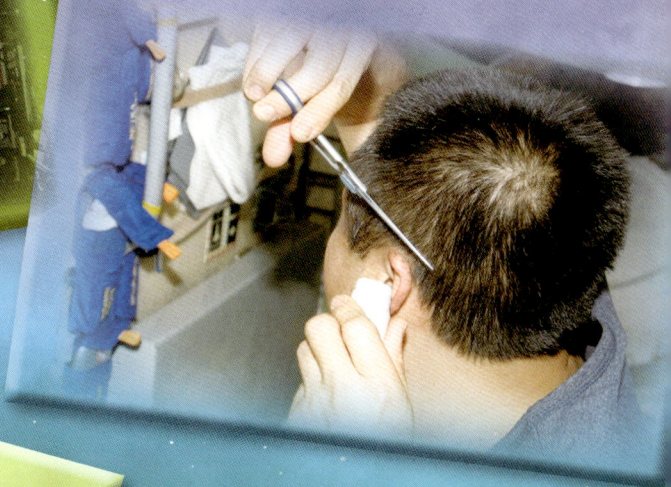

一天结束

宇航员入睡之前，一定会望向窗外的地球和浩瀚的星辰，只是想弄明白自己所处的宇宙。

太阳能电池板
　　所有太阳能电池板的面积加起来有一个足球场那么大，通过吸收和转化太阳能，为国际空间站提供电力。

散热板
　　国际空间站里产生的热量可以通过散热板排入太空中，从而保持空间站内温度适宜。

任务专家在太空行走
　　如果国际空间站需要拆卸、安装或者修理某个部分，任务专家就会进行太空行走。

机械臂
　　帮助宇航员组装和修理空间站。

对接口
　　用于航天飞机或者其他太空飞行器和国际空间站对接。部分子舱永久地停靠在对接口。

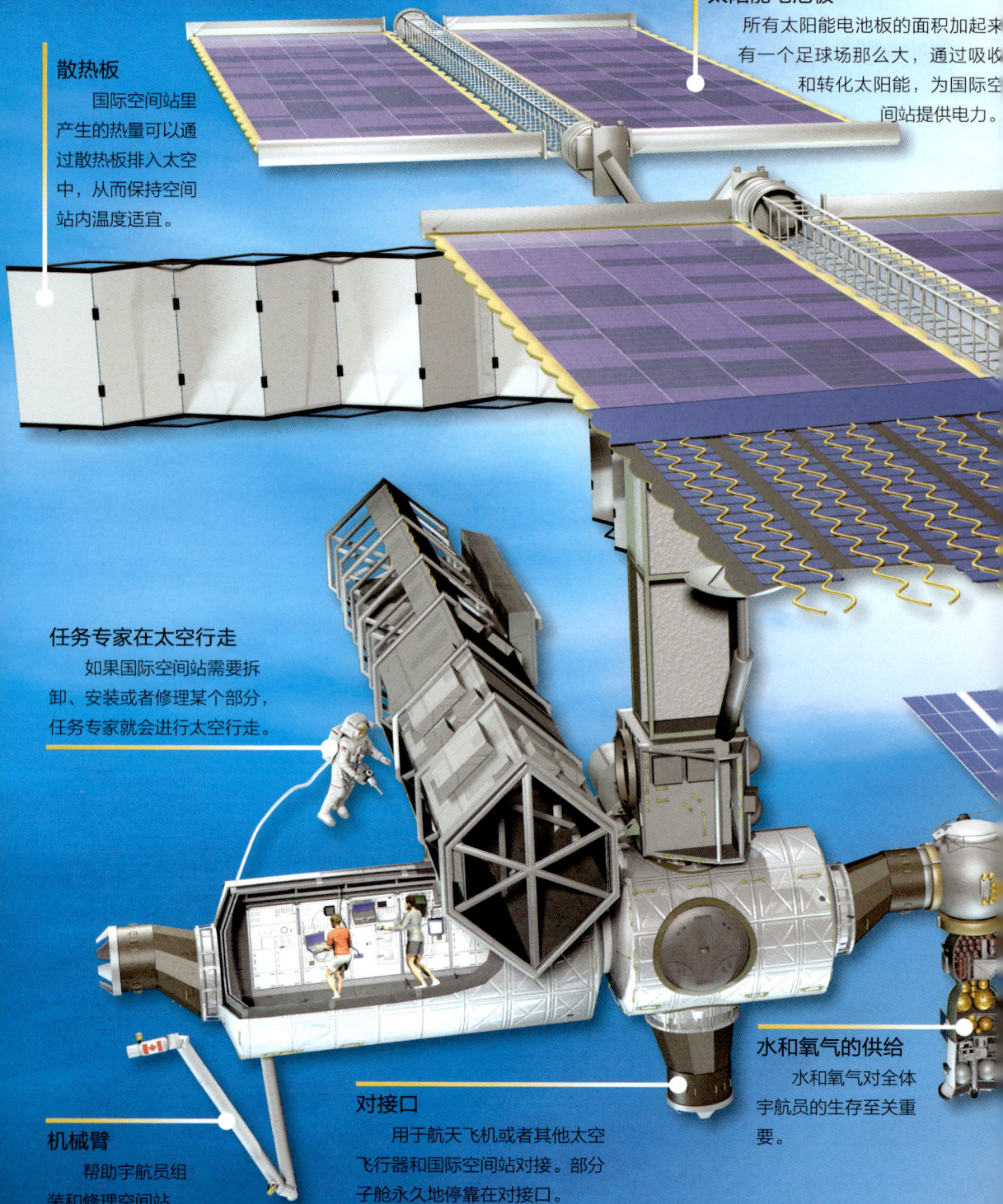

水和氧气的供给
　　水和氧气对全体宇航员的生存至关重要。

> **"** 不论是向外看还是向内看，不管是空间上还是时间上，对未知世界的探索越深远，呈现的世界就会越宽广，越瑰丽。**"**
>
> ——查尔斯·A·林白，美国飞行员，1974年

国际空间站

国际空间站是在严酷的太空环境下为人类生命提供庇护的庞大而复杂的机器。人类运用了大量的科学技术，建造了这样一个地方，用来保障人类的安全，让人类得以进行有益的研究。

导线
电流经由导线进入国际空间站。

起居区
这个区域供宇航员集合、吃饭和休憩。

睡眠间
睡眠的地方遍布国际空间站各处。

实验室
宇航员在专门建造的实验室里进行各种实验。

气密舱
宇航员在这里穿上太空服，然后进入外太空。

活动空间
在国际空间站里活动的感觉有点像在公交车里走动。仅有的空间非常狭小，宇航员必须得小心行动。

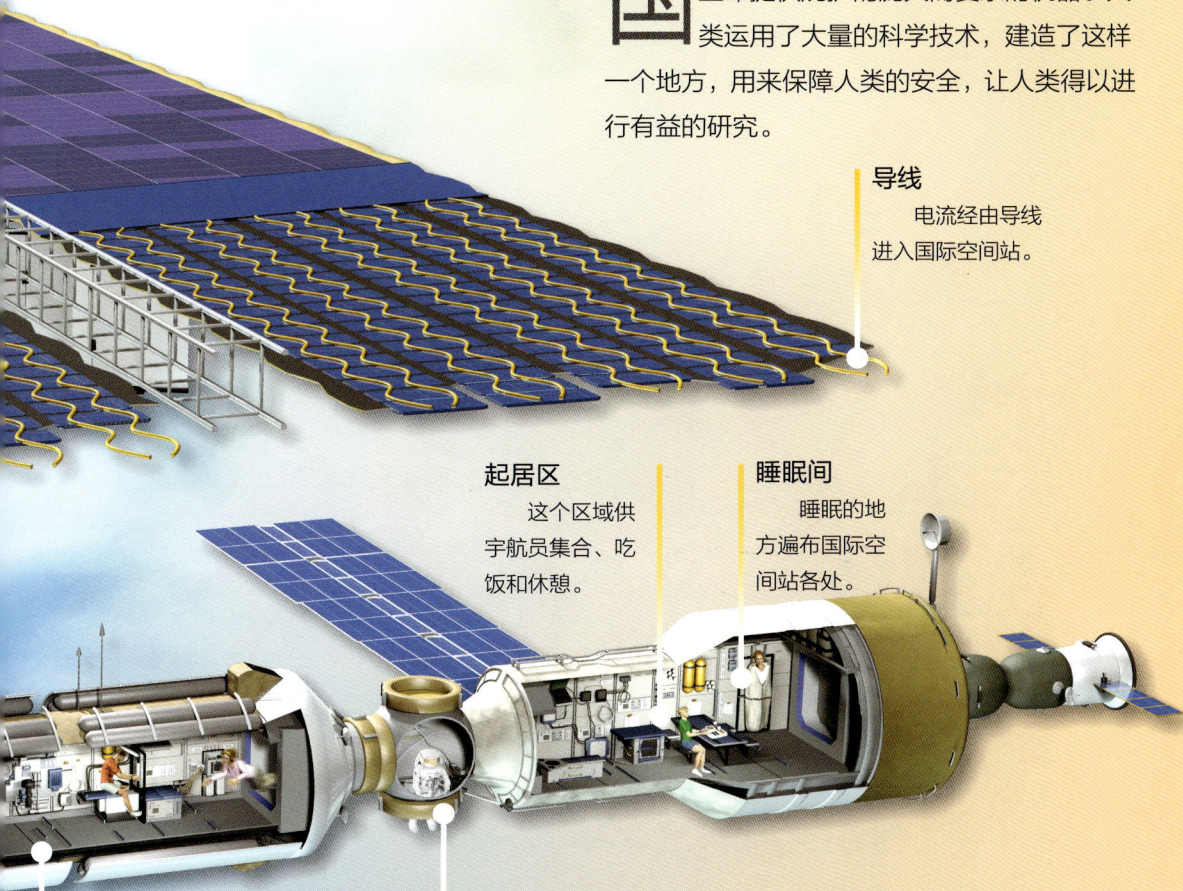

空间站内的实验

国际空间站重中之重的任务是科学研究。自成立的那天起，已经进行了涉及多个领域的数百个实验。研究的领域有人类生命科学、生物、人体生理、物理和材料科学以及地球和太空科学。

生长的植物

如果人类想要飞到比月球更远的太空，那么弄清楚植物在太空里如何生长就十分关键。在高级太空农业实验室里种植大豆，可以观察其是否会结出大豆，以及在低重力环境下长出的大豆跟正常大豆有何区别。

防辐射

物质长时间暴露在太空中会发生什么变化吗？它们会被腐蚀，还是没什么变化？长期耐久性曝露装置用于测试各类物质、零部件和系统，观察它们经受太空垃圾和微流星体撞击5年后会发生什么变化。这类实验一直在国际空间站上进行着。

国际空间站在距离地球表面仅350千米的近地轨道上运行，因此视野绝佳。

观察地球

在太空中远距离观察地球极为有用。这种"全景式"的视角让科学家得以观察到地球随时间产生的变化，比如森林退化、水土流失以及全球变暖的影响。俄罗斯宇宙学家正在使用超大镜头的相机拍摄地球。

"伊莎贝尔"飓风

国际空间站是观察地球表面大规模天气形势的绝佳地点。这张照片拍摄的是2003年9月份发生的伊莎贝尔飓风，中央的飓风眼清晰可见，远处可见陆地。

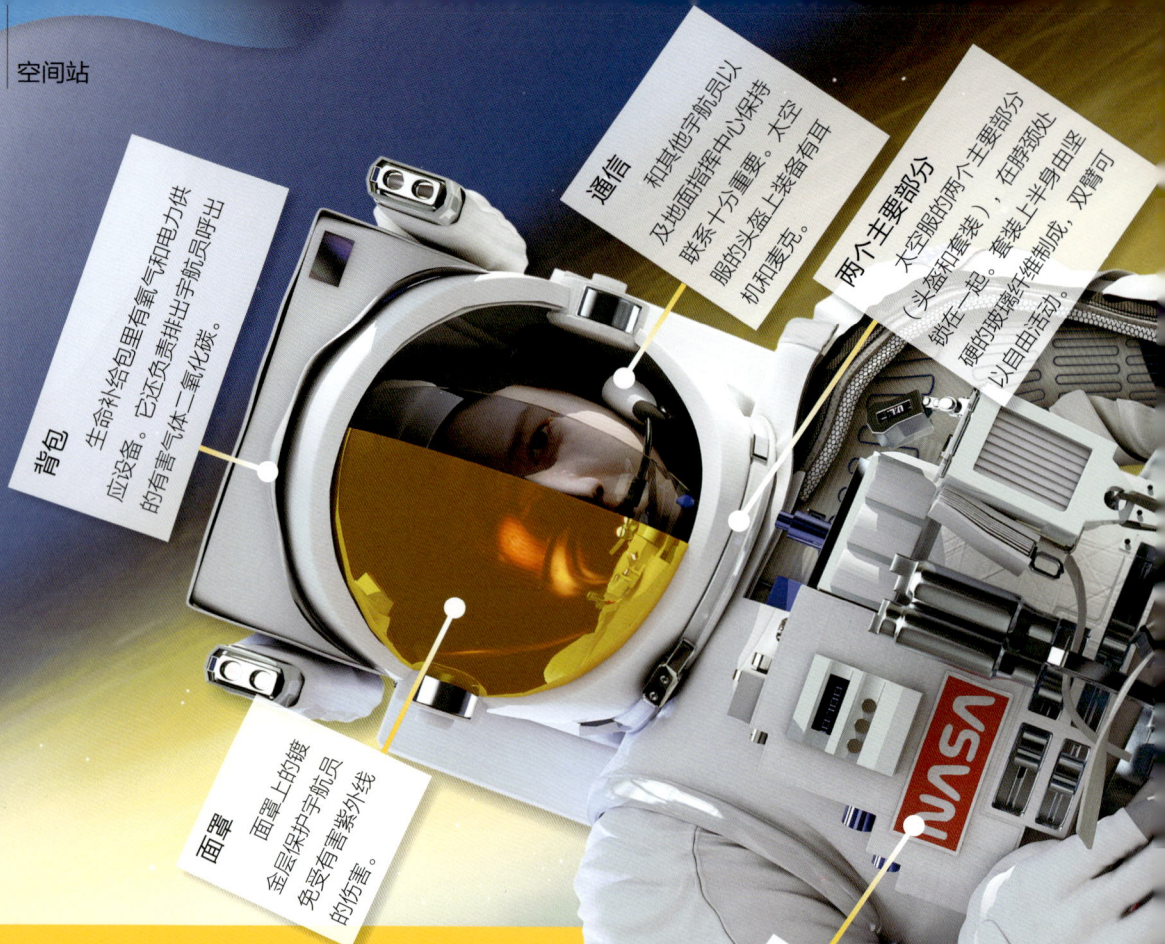

通信
和其他宇航员以及地面指挥中心保持联系十分重要。太空服的头盔上装有耳机和麦克风。

两个主要部分
太空服的两个主要部分（头盔和套装），在脖颈处坚缝在一起。套装上半身由坚硬的玻璃纤维织制成，双臂可以自由活动。

背包
生命补给包里有氧气和电力供应设备。它还负责排出宇航员呼出的有害气体二氧化碳。

面罩
面罩上的镀金层保护宇航员免受有害紫外线的伤害。

控制单元
控制单元供宇航员调节太空服的灯光、氧气流和温度。

工具
附着在太空服上，以免意外飘走。

穿上太空服

在太空里的诸多危险中，缺氧实在算不了什么。面向太阳时温度比沸水还热，最高可达121℃；没太阳时比南极洲还冷，最低可达 -156℃。如果不穿太空服，面向太阳的一面会灼热无比，背向太阳的一面则会结冰。

太空服的性能不仅要像一艘小型宇宙飞船，还要足够灵活，使得宇航员穿着它也能够完成工作。

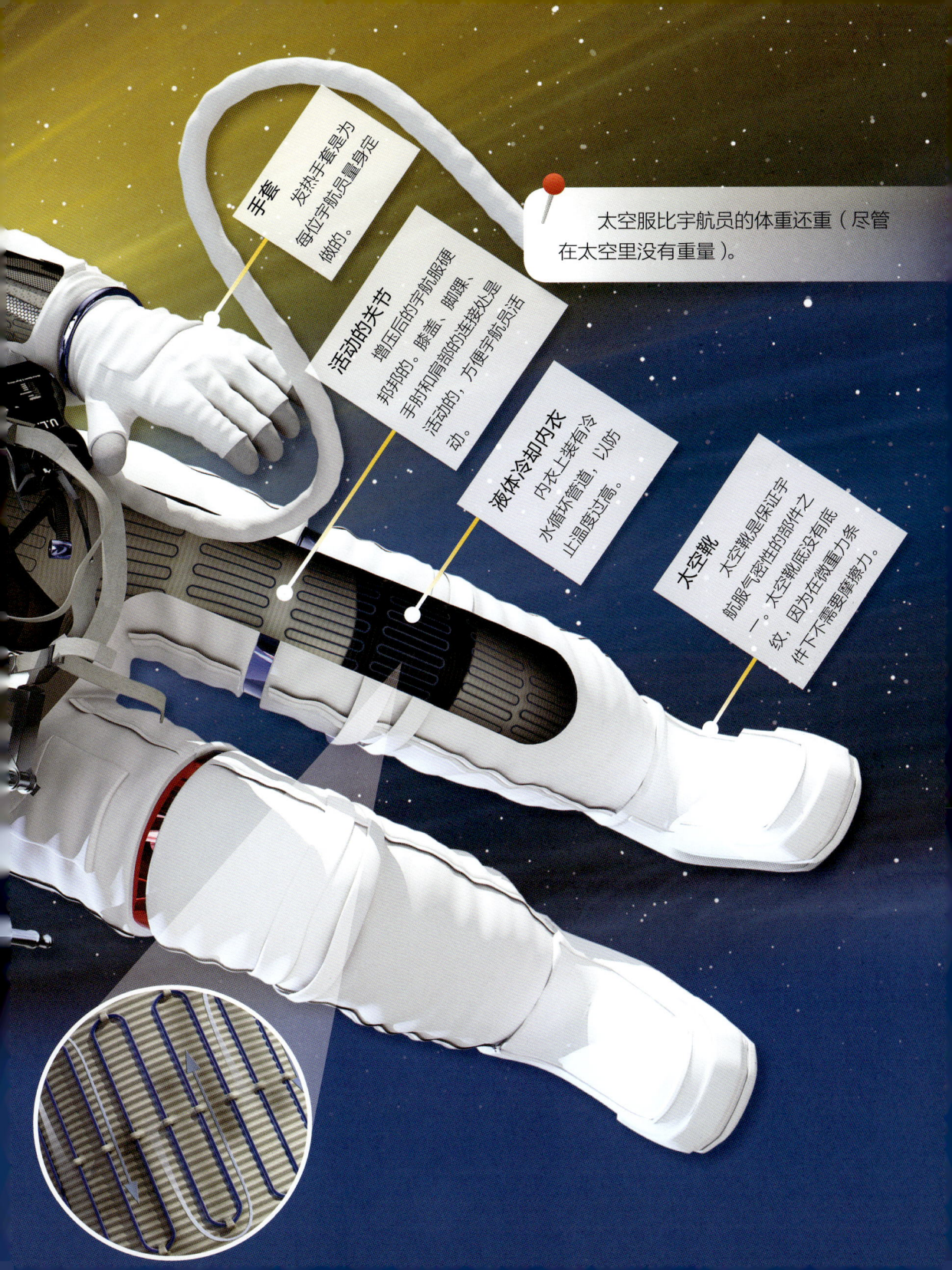

手套
手套是为发热手套量足每位宇航员量身定做的。

活动的关节
增压后的宇航服硬邦邦的。膝盖、脚踝、手肘和肩部的连接处是活动的，方便宇航员活动。

液体冷却内衣
内衣上装有令水循环管道，以防止温度过高。

太空靴
太空靴是保证宇航服气密性的部件之一。太空靴底没有防纹，因为在微重力条件下不需要增强摩擦力。

太空服比宇航员的体重还重（尽管在太空里没有重量）。

太空行走

任务专家

只有经过训练的、被称为宇航任务专家的宇航员才能进行太空行走。遇有维修、拆卸或者安装的任务，且该任务不能由机械臂完成时，他们才会走出空间站。

降压舱

进入外太空之前，宇航员必须将身体调节至能够适应外界的真空环境。他们会在降压舱里呆上一整天，降压舱逐步调整气压。

载人机动装置

这一装置使得宇航员可以在类似火箭的推进器帮助下在太空中移动。装置附着在太空服上，通过控制杆控制。小股压缩氮气喷射提供推力。

脐带式软管

太空行走的宇航员有时也使用脐带式软管与国际空间站保持连接，软管可供应氧气。

艾迪·怀特

　　艾迪·怀特是美国太空行走第一人。1965年6月，他在"双子星4号"的舱外停留了20分钟。他是世界上第二个进行太空行走的人，第一个是前苏联的阿列克谢·列昂诺夫，比艾迪·怀特早3个月实现太空行走，在"上升2号"的舱外停留了12分钟。

保护层

　　太空服有13层保护层，厚度约9厘米。里层是液体冷却内衣，外面的白色覆盖膜用来反射太阳辐射。

太空中无保护

　　外太空没有空气，不像地球那样有环绕的大气层保护，因此太空行走只能在太阳活动不活跃的时候进行。

中国空间站

天宫一号是中国第一个目标飞行器和空间实验室，于2011年9月29日发射，标志着中国已经拥有建立空间站的能力。天宫一号已实现与神舟八号、神舟九号飞船的对接任务，按照计划神舟十号飞船也将在接下来的时间里与天宫一号完成交会对接任务。

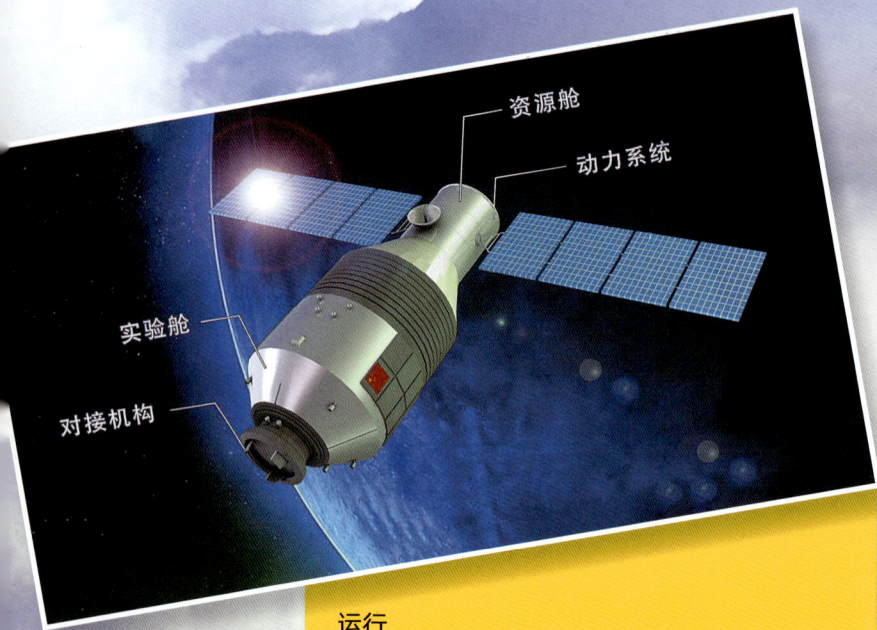

资源舱

动力系统

实验舱

对接机构

运行

天宫一号绕地球一圈的运行时间约为90分钟。天宫一号的运行轨道高度在与飞船交会对接时大约距离大气层340千米；无人期间则会适当调高，约370千米，以减小轨道衰减速度，更节约能源。

结构

　　天宫一号全长10.4米，重8.5吨，最大直径3.35米，由实验舱和资源舱构成，为航天员提供的可活动空间达15立方米，能够同时满足3名航天员工作和生活的需要。实验舱前端装有被动式对接结构，可与追踪飞行器进行对接。

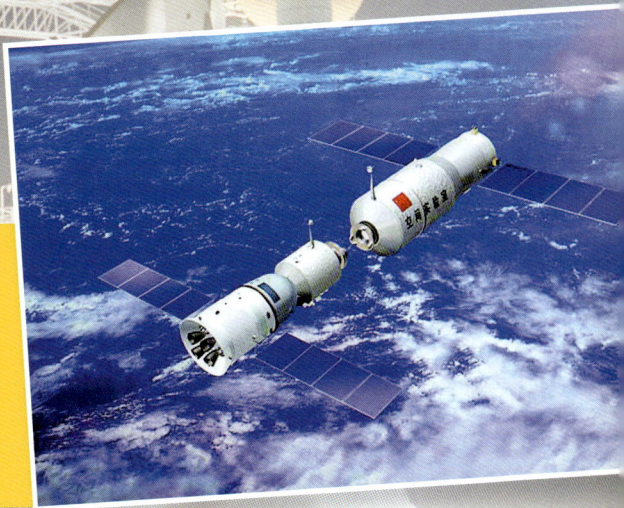

对接

　　2011年11月，天宫一号与神舟八号飞船成功对接，中国也由此成为世界上第三个自主掌握空间交会对接技术的国家；2012年6月18日，神舟九号飞船与天宫一号目标飞行器成功实现自动交会对接，中国3位航天员首次进入在轨飞行器。

后续计划

　　天宫系列飞行器共有3个，中国还将发射天宫二号、天宫三号。"天宫一号"主要为了完成交会对接任务；"天宫二号"则完全是小型空间实验室，科学家、航天员们将在里面展开各种工作和试验；天宫三号主要是为了开展地球观测和进行空间应用技术的开发、实验。

我们从太空中学到了什么

在太空中进行着众多的科学研究，部分成果最终返回地球上得以应用。实际上，太空探索大大改变了我们生活的方式，从我们制作网球拍的工艺到测试汽车的方法，都充分体现了这一点。

液态金属

美国航空航天局研究出了轻质超强材料——"金属玻璃"，这种材料已经用在体育器材上。还有另外一种新材料，强度是钛的两倍，制成品无弱点，抗扭曲。

自发光材料

国际空间站里有些自发光的标识。这种技术已经用于制作标识牌，比如可用于光线较暗处的出口标识牌。这种材料更耐用，不怕火烧，经得起恶劣天气的考验，不用电，还免维护。

假肢

科学技术令太空设备经久耐用，并能保证宇航员生命安全，如今这些技术被应用于制造性能更优越的假肢。诸如提高舒适度和仿真度的泡沫，提高关节耐用性的钻石镀层，以及让假肢活动起来更接近真实肢体的机器人技术。

太阳镜

美国航空航天局制造出一种保护性眼镜，可以保护焊工的眼睛免受焊接强光的伤害。同样的滤光涂色层可以用在太阳镜上，滤去炫光，还防刮痕。

碰撞分析

美国航空航天局创造出一种摄像机追踪系统，用于改进国际空间站的机械臂组装工艺。汽车制造商现在把这种技术用于碰撞测试，帮助他们观察碰撞测试中假人模型的状况。

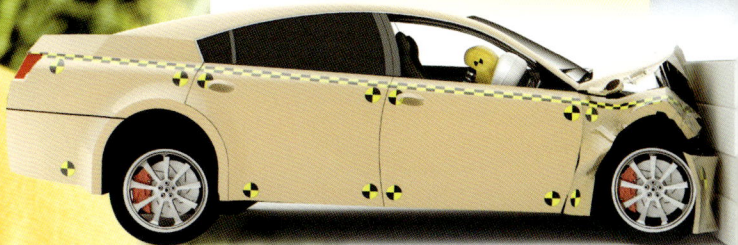

知识拓展

气密舱 (airlock)
　　空间站内部和外太空真空之间的舱体。

合金 (alloy)
　　由一种金属元素跟其他金属或非金属元素熔合而成的、其有金属特性的物质。

"阿尔马兹" (Almaz)
　　前苏联为国防目的开发的系列空间站。

宇航员 (astronaut)
　　经过训练进入太空的人。

推进器 (booster)
　　指整个火箭或者是捆绑式火箭，用于把太空飞行器推离地面。

二氧化碳 (carbon dioxide)
　　人类或者其他动物呼出的气体

降压舱
(decompression chamber)
　　一个空气压力可以降低的舱体。

国际空间站
(International Space Station)
　　世界各国共同建造使用的空间站。

实验室 (laboratory)
　　进行科学实验的场所。

"和平号" (Mir)
　　俄罗斯建造的空间站，应用了创新的多舱式设计。

舱段 (modules)
　　空间站的独立部件，可与其他单元组装成完整的空间站。

臭氧层 (ozone layer)
　　大气层中臭氧浓度高的一层大气层，保护地球免受紫外线辐射。

增压 (pressurized)
　　使内部压力大于正常压力的过程。

修复术 (prosthetics)
　　与人造假肢相关的科学和医学。

辐射 (radiation)
　　以波或者粒子形式从类似太阳那样的能量源向外扩散能量。

阻力训练
(resistance training)
　　肌肉负压运动，如举重或俯卧撑。

"礼炮号" (Salyut)
　　前苏联开发的系列空间站。

"太空实验室" (Skylab)
　　美国发射并使用的空间站。

太阳能电池板 (solar panel)
　　捕获太阳光并转化成电能的设施。

空间站 (space station)
　　永久式或半永久式结构，供人类在外太空长期停留。

太空服 (space suit)
　　宇航员在飞行器外进行太空行走时所穿的套装。

太空行走 (space walk)

宇航员走出太空飞行器的过程，通常出于维护和修理的目的。

摩擦力 (traction)

两个物体表面之间的相互施加的一种力。

紫外线 (ultraviolet light)

一种肉眼看不见的光，波长比可见光短。

失重 (weightless)

宇航员或者空间站处于无重力轨道时，明显没有重量的感觉，又称"零重力"。

探索·科学百科™

⊕Discovery
EDUCATION™

世界科普百科类图文书领域最高专业技术质量的代表作

小学《科学》课拓展阅读辅助教材

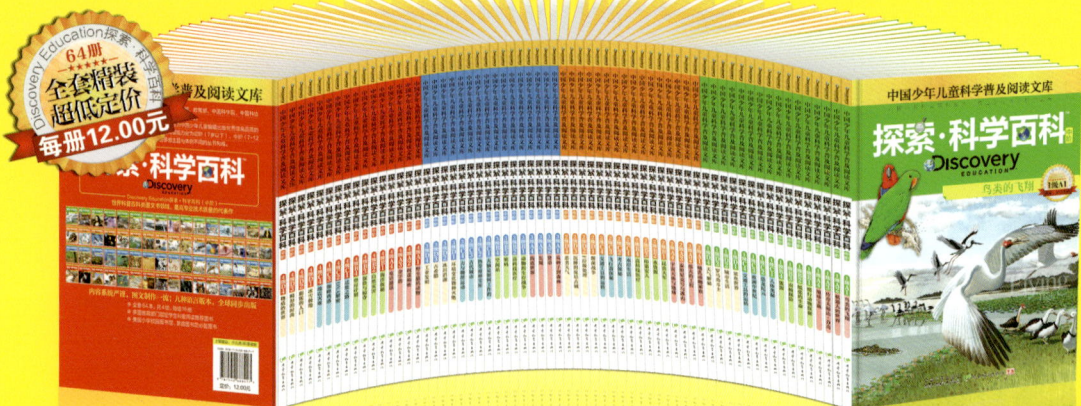

64册
全套精装
超低定价
每册12.00元

中国少年儿童科学普及阅读文库

Discovery Education探索·科学百科（中阶）丛书，是7~12岁小读者适读的科普百科图文类图书，分为4级，每级16册，共64册。内容涵盖自然科学、社会科学、科学技术、人文历史等主题门类，每册为一个独立的内容主题。

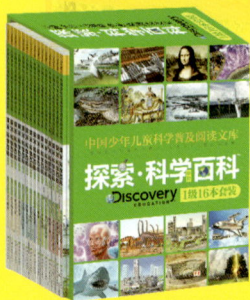

Discovery Education
探索·科学百科（中阶）
1级套装（16册）
定价：192.00元

Discovery Education
探索·科学百科（中阶）
2级套装（16册）
定价：192.00元

Discovery Education
探索·科学百科（中阶）
3级套装（16册）
定价：192.00元

Discovery Education
探索·科学百科（中阶）
4级套装（16册）
定价：192.00元

Discovery Education
探索·科学百科（中阶）
1级分级分卷套装（4册）（共4卷）
每卷套装定价：48.00元

Discovery Education
探索·科学百科（中阶）
2级分级分卷套装（4册）（共4卷）
每卷套装定价：48.00元

Discovery Education
探索·科学百科（中阶）
3级分级分卷套装（4册）（共4卷）
每卷套装定价：48.00元

Discovery Education
探索·科学百科（中阶）
4级分级分卷套装（4册）（共4卷）
每卷套装定价：48.00元